ちくま
Q
ブックス

植物たちの
すぎる進化

に
本当?

稲垣栄洋

筑摩書房

本文イラスト
米村知倫

植物たちの
フシギすぎる進化
――木が草になったって本当？

目次

目次

第1話

スピード勝負を制したのは誰だ?

スピード勝負の攻撃方法

「さあ、残り時間はもうほとんどありません。残り時間でゴールを決めることができるでしょうか!」

サッカーの試合時間は決まっています。

そのため、試合終盤《しゅうばん》になって残り時間が少なくなってくると、スリルが増して、緊張《きんちょう》感《かん》は一気に高まります。

サッカーでは、さまざまな攻撃《こうげき》方法があります。

たとえば、攻撃の態勢を整えてから、じ

っくりと攻めていく方法と、大きく前線にボールを蹴《け》り出して、足の速い選手が一気に攻撃をする方法があります。

さて、残り時間が少ないこの場面では、どちらの攻撃方法が効果的でしょうか？

フォーメーションを整える方法は、確実で迫力《はくりょく》がありますが、選手全員が連携《れんけい》しながら動かなければならないので、時間が掛《か》かります。

一方、前に大きくボールを蹴る速攻は、確実とは言えません。しかし、圧倒的《あっとうてき》にスピードで勝《まさ》ります。短い時間で一発逆転を狙《ねら》うとすれば、とにかく前に大きく蹴り出した方が良いのです。

さて、恐竜《きょうりゅう》の時代の話です。

そんなサッカーの速攻と同じ作戦で勝ち抜《ぬ》く方法を見出《みいだ》し、進化した植物があります。

それが、**「単子葉《たんしよう》植物」**と呼ばれる植物です。

皆《みな》さんは、「単子葉植物」という言葉を聞いたことがありますか？

サッカーの試合終盤、ボールを蹴りだし足の速い選手が一気に攻《せ》め込《こ》む

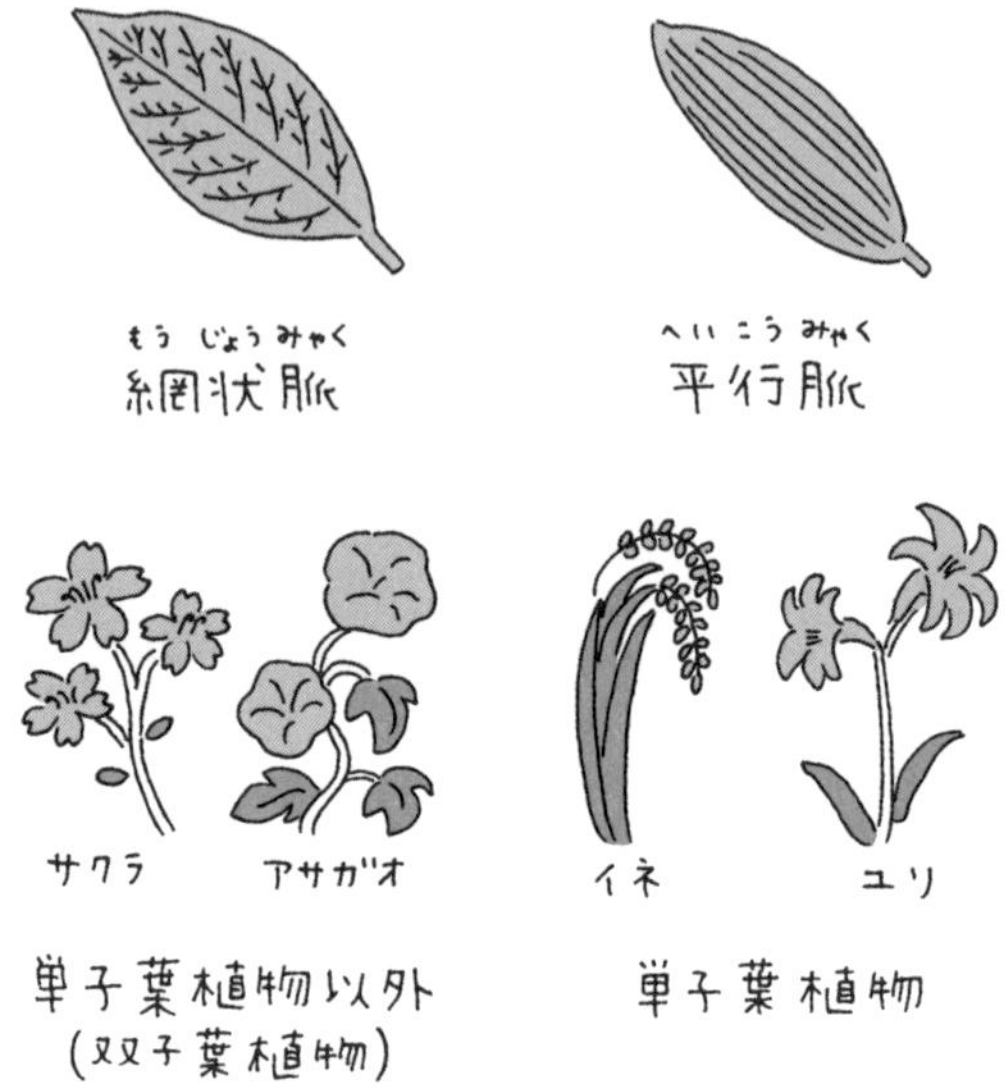

単子葉植物の葉っぱには、特徴《とくちょう》があります。

単子葉植物の葉っぱを見てみると、縦に線が通っています。この線は、水や養分を通す葉脈です。

単子葉植物の葉っぱは、大きくボールを前に蹴り出すように、葉脈がまっすぐ通っています。これを平行脈と言います。とにかく葉っぱの先端《せんたん》まで早く水や養分を送るというしくみになっているのです。

それでは、単子葉植物以外の植物はどうでしょうか。

単子葉植物でない植物の葉っぱは、縦に

一本太い葉脈が通っていて、そこから葉脈が枝分かれしています。これを網状脈《もうじょうみゃく》といいます。このほうが、葉っぱのすみずみまで確実に水や養分を送ることができるのです。

しかし、この方法は、サッカーでフォーメーションを整えるのと同じように時間が掛かります。

そこで、単子葉植物は、とにかくスピード重視で葉脈を縦に通したのです。

スピードを求めた進化

見た目のイメージだけで答えてください。

次のしくみは、どちらの方がスピード感がありそうでしょうか？

いずれも植物の根です。Aの根っこは、主根と呼ばれる太い根が縦に一本通っていて、そこから側根と呼ばれる細い根が横方向に枝分かれしています。

一方のBは、とりあえず、縦方向に何本も根っこが出ています。

Aの根っこの方が土の中のすみずみから無駄《むだ》なく水や養分を吸い取ることができます。

しかし、この根っこの態勢を整えるのには時間が掛かりそうです。

一方、Bの根っこはとりあえず伸《の》ばしたという感じです。しかし、とりあえず、すぐに

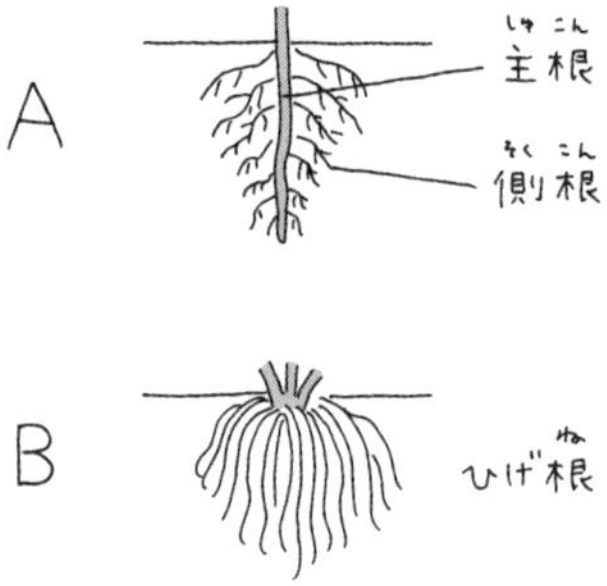

水や養分を吸うことができます。この方がスピードは速そうです。

じつはBが単子葉植物の根っこです。単子葉植物は、根っこについても、とにかくスピードを重視します。

Aの植物は双子葉《そうしよう》植物と言います。Bの単子葉植物は、双子葉植物から発展した進化形です。スピードにこだわらずにしっかりと根を張るAが双子葉植物の根っこです。

何か作業をするときに、「雑でもいいから早くしなさい」と言われるときと、「ゆっくりでいいからていねいにしなさい」と言われるときがありますよね。**「雑で早く」が、単子葉植物、「ゆっくりていねいに」が双子葉植物のイメージです。**

スピードか、確実性か

次はどうでしょう。

葉っぱにある水や養分を送る管を葉脈と言いました。水や養分を通す管は根から葉っぱまでつながっています。これを維管束《いかんそく》と言います。じつは葉脈というのは、葉っぱの中を通る維管束のことなのです。それでは茎《くき》の中を通る維管束を見てみましょう。イラストは茎の断面図ですが、この二つの維管束は、並び方が違います。どちらがスピード重視でしょうか。

Aの維管束は、形が整っています。美しくデザインされた輪のように維管束が並んだ形

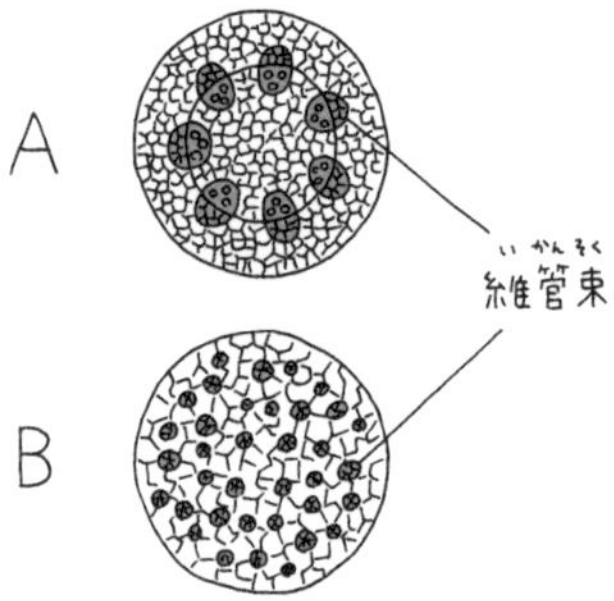

を形成層と言います。こうして形が整っている方が植物体のすみずみまで水や養分を確実に運ぶことができます。

一方、Bの維管束は形成層が見られず、バラバラです。何となくとにかく水さえ通せば良いという「雑で早く」という感じがします。Bが単子葉植物の維管束です。

葉っぱ一枚に不思議がいっぱい

植物が最初に出す葉っぱを子葉と言います。双子葉植物は、最初、葉っぱ二枚の双葉《ふたば》を出します。これに対して、単子葉植物は子葉が一枚であることから「単子葉植物」と名付けられました。

スピード重視の単子葉植物は、子葉の数さえシンプルにしているのです。

とはいえ、葉っぱが二枚でも一枚でも、スピードアップにはそんなに影響《えいきょう》がないような気もします。子葉一枚の方が有利なことはあるのでしょうか。

実際には、子葉の枚数が一枚だからと言って、どの程度、スピードアップできているのかはわかりません。

そんなこともわからないの？　と思うかもしれません。

そうなんです。そんなことさえ、わからないのです。

そう聞いて、がっかりしますか？　それともワクワクしますか？

教科書で勉強している皆さんは、もう世の中のことはほとんどわかっているような気がしているかもしれません。それもそのはずです。「教科書」という本は、もう十分に研究されて、わかっていることだけが、書かれています。まだわかっていないことは書かれていないのです。

しかし実際には、**世の中は、不思議で満ちあふれています。**

単子葉植物の子葉は、どうして葉っぱが一枚しかないのか？　こんなことさえ、まだわかっていません。

葉っぱ一枚にさえ、まだまだわからない謎《なぞ》があふれています。そして、**科学が進歩した現代でも、人類は未《いま》だに葉っぱ一枚、人工的には作り出すことができないのです。**

それでは単子葉植物は、どうしてスピードに適応した進化をとげたのでしょうか？

その理由も、じつはよくわかっていません。ただし、不規則に起こる環境《かんきょう》の変化に対応するためであったと推測されています。

安定した環境であれば、ゆっくりと成長をすることができます。しかし、洪水《こうずい》になったり、土砂崩《どしゃくず》れが起こるような不安定な環境ではゆっくりしている時間はありません。すばやく花を咲《さ》かせて、すばやくタネをつけることが大事になるのです。

スピード重視の単子葉植物は、大きな木になることはありません。ほとんどが成長の早い草です。じつは**「草」こそが、スピードアップのために進化した形**だったのです。

一方、双子葉植物の中から新たに草に進化をするものも現われました。そのため、双子葉植物には、木に成長する種類と、草になる種類があるのです。

第2話

恐竜を進化させた植物

回転寿司と回らないお寿司の誕生！

植物には、幹を硬《かた》くして大きくなる「木」になるものと、茎《くき》がやわらかい「草」があります。

大きく育つ「木」の方が進化した形のように思えるかもしれませんが、そうではありません。じつは「草」の方が、より進化をした形です。

もちろん、植物が最初から巨大《きょだい》な木だったかと言えば、そうではありません。植物は最初、水の中を漂《ただよ》う植物プランクトンでしたし、その後も海藻《かいそう》や水草のような存在でした。そして、植物が陸上に進出した後も、コケ植物のような水辺を離《はな》れられないか弱い存在でした。しかし、本格的に内陸部に進出するようになると、光を浴びるためには背が高い方が有利です。そのため、シダ植物に進化した頃《ころ》には、植物は巨大な木として繁栄《はんえい》していたのです。

しかし、すでに紹介《しょうかい》したように、もっとも進化した形である単子葉《たんしよう》植物は、「草」という新たなスタイルに進化をしました。そのため、単子葉植物はほとんどが草です。

その後、「草」というスタイルがなかなか優《すぐ》れているということになったのか、双子葉《そうしよう》植物からも、木ではなく草として進化をする種類が次々に現われます。そのため、双子葉植物には木に成長する種類と、草になる種類とがあるのです。

何だか複雑ですね。

たとえば、かつてお寿司屋《すしや》さんの中から、ロボットがご飯を握《にぎ》り、アルバイトがお寿司を作る、安くて早い画期的な回転寿司のお店が誕生しました。

元々のお寿司屋さんは何も変化していませんが、「回転寿司」と区別するために、ふつうのお寿司屋さんを「回らないお寿司」というようになりました。まさに、画期的な単子葉植物が誕生して、それまでのふつうの植物を双子葉植物と区別したのと同じです。

しかし、回らないお寿司屋さんの中からも、職人が作る高級な寿司もいいけれど、安くて早いお寿司もいいなと考えて、ロボットやアルバイトを導入してファミリーレストランのような寿司屋が登場してきます。この安くて早い回らないお寿司屋さんが、双子葉植物の中に、草となる種類が登場してきたようなものなのです。

このたとえ、かえってわかりにくかったですか？


それにしても、複雑な木から単純な草が誕生したことは、「進化」というより「退化」した印象があるかもしれません。

何も、大きく複雑になることばかりが進化ではありません。より小さく、より単純になるという進化もあります。

たとえば、ヘビは、もともと四本足の動物でしたが、狭《せま》いところや土の中で自在に動けるように余分な足をなくしました。これも進化です。また、人間の祖先はサルでした。その昔はしっぽを持っていましたが、要《い》らないしっぽはなくなりました。これも進化なのです。

トリケラトプスの誕生

皆《みな》さんは、トリケラトプスという恐竜《きょうりゅう》を知っていますか？

トリケラトプスは、まるでウシやサイのような姿をしていて、地面に生える草を食べます。トリケラトプスは、恐竜時代の後半である白亜紀《はくあき》に出現しました。

じつは、トリケラトプスのような恐竜の登場は、地球に「草」が出現したことによって引き起こされました。この出現した「草」が単子葉植物です。

草が出現する以前は、植物は巨大化し、森を形成していました。そのため、植物をエサにする草食動物も、木の葉を食べるように長い首に進化をしたのです。そして、首の長い大型の恐竜たちが地球を支配していました。

ところが、単子葉植物の草が出現すると、トリケラトプスのように、地面の草を食べる首の短い恐竜が、次々に出現するようになったのです。

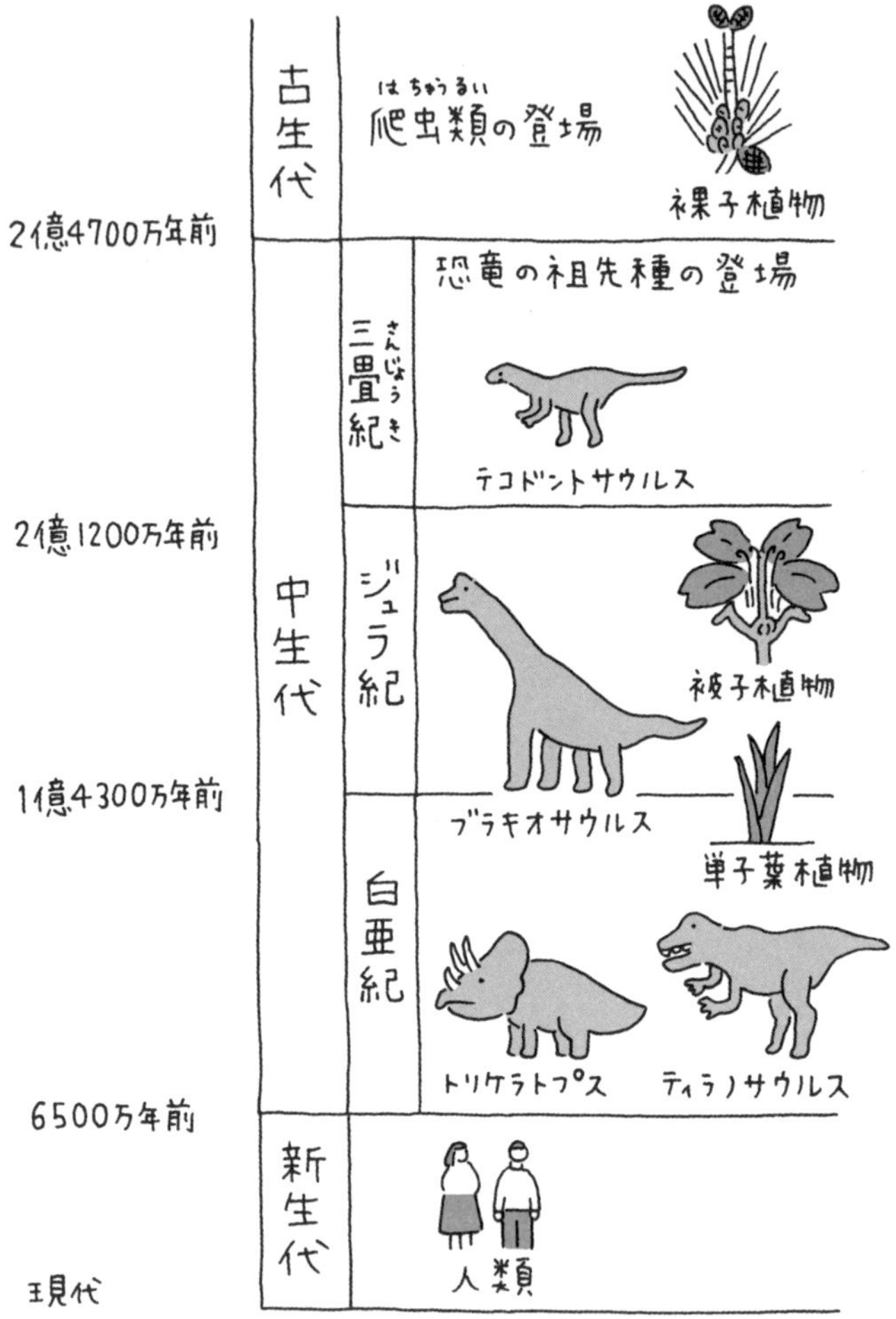

植物の進化は、恐竜の進化に影響を与えた

このように「双子葉植物である木」から、「単子葉植物である草」が進化をしました。草と木とは、見た目がまったく違《ちが》います。**単子葉植物の出現は、画期的な大発明でした。**さらにそれは、恐竜の進化にまで影響《えいきょう》を与《あた》えるような革命的なできごとだったのです。

進化のスピードアップ

「単子葉植物」は、まさに革命的な進化でした。

このような革命的な進化は、どのように実現したのでしょう。

恐竜の繁栄した時代は、中生代ジュラ紀とその後の中生代白亜紀です。ティラノサウルスやトリケラトプスなど進化した恐竜が見られるのは白亜紀です。単子葉植物は、この白亜紀に誕生したと考えられています。

しかし、それよりも前のジュラ紀に、植物の進化を加速させる画期的な進化が起きていました。

それが、「裸子《らし》植物」から、「被子《ひし》植物」への進化です。

裸子植物と被子植物は、漢字一文字しか違いません。しかも、その漢字もよく似ていますね。

「裸子植物、裸子植物、裸子植物、被子植物、裸子植物、裸子植物、裸子植物、裸子植物」と書くと、どこに被子植物があるのか見つけるのが大変です。それくらい、よく似ています。

しかし、「裸」という字は、何も着ていない「はだか」を意味するのに対して、「被」という字は、服を着ているという意味ですから、漢字一文字の違いだけでも、意味するところは、相当ちがいます。

学校の理科の教科書では、裸子植物は「胚珠《はいしゅ》がむき出しになっている」のに対して、被子植物は「胚珠が子房《しぼう》に包まれ、むき出しになっていない」と書かれています。

裸子植物は胚珠がむき出しになっているから「裸《はだか》」の文字が使われて「裸子」と名付けられました。一方、被子植物は胚珠が包まれているから、「被《かぶ》る」の文字が使われて「被子」と名付けられました。

胚珠がむき出しになっているかどうかという違いは、ささいなことのように思えます。ところが、この胚珠を守るしくみは、植物の進化のスピードにとっては、とても重要な発明だったのです。

ファーストフードはスピードが速い

ハンバーガーショップで注文すると、すぐにハンバーガーが出てきます。牛丼《ぎゅうどん》チェーンで注文しても、すぐに牛丼が出てきます。あらかじめ調理をしてあるので、お客さんが来ればすぐに商品を出すことができるのです。

一方、高級なうなぎ屋さんの中には、お客さんが注文してから、生きているうなぎをさばき始めるお店もあります。そんなお店では、うな重が出てくるまでに長い時間が掛《か》かります。

じつは被子植物は、ハンバーガーショップや牛丼チェーンのような画期的なシステムです。

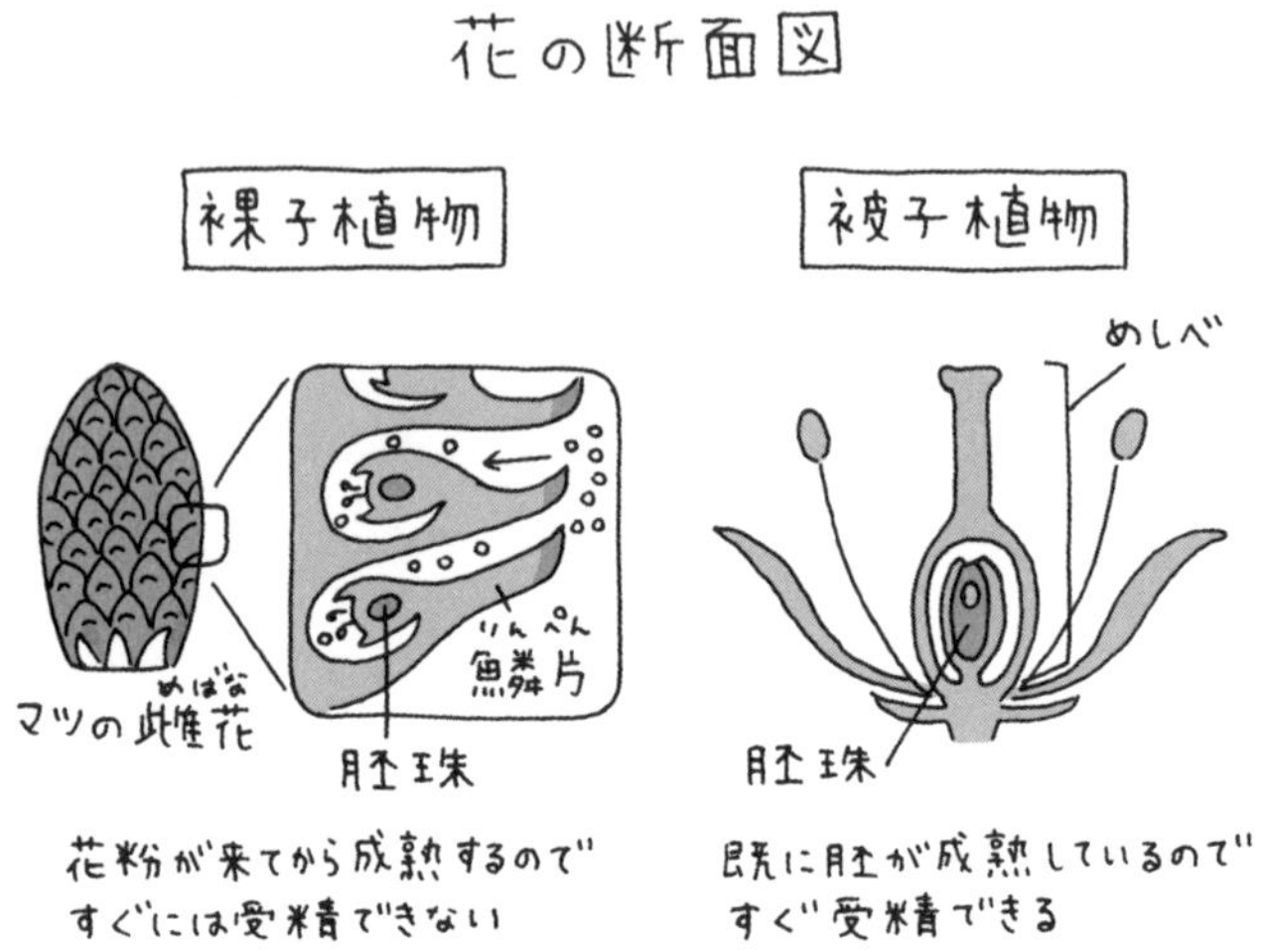

受精前の準備の違い

胚珠というのは、タネのもとになる大切なものです。

裸子植物は、そんな大切な胚珠がむき出しになっていますが、成熟した胚珠を雨風にさらしておくわけにはいきません。そのため、花粉がやってくるのを確認してから、胚珠を成熟させて受精の準備を始めます。注文が来てから調理を始めるうなぎ屋さんのように、時間が掛かるのです。

ところが被子植物は、胚珠が子房の中に守られています。そのため、花粉が来る前に、あらかじめ成熟した胚を準備しておくことができるのです。そして、花粉が来れば、すぐに受精をしてタネを作ります。まさに、注文すればすぐに出てくるハンバーガーショップのスピード感と同じです。

実際に、裸子植物では、花粉がたどりついてから受精をするまでに、数か月から一年以上を必要とするのに対し、被子植物では、遅《おそ》くとも数日。早ければ数時間で受精を完了《かんりょう》してしまいます。

何というスピードアップなのでしょう。

被子植物は、次々に種子を作り、世代交代を次々に進めていきます。生物は親から子へ、子から孫へと世代交代していく中で、進化をしてきます。世代交代が短期間で進めば、それだけ短い期間で進化が進むことになります。こうして、世代交代のスピードを速めることによって、植物の進化もまた、スピードアップしていったのです。

スピードアップは止まらない

もうこうなると、進化のスピードアップは止まりません。

植物が進化する中で、手に入れたものがあります。それが、花びらを持つ美しい「花」です。

美しい花には、さまざまな虫がやってきます。そして、虫たちが花粉を運んでくれるのです。

もともと、裸子植物は風に乗せて花粉を運びます。そのため、裸子植物の花は、虫に目立たせるために美しく飾る必要がありません。ただ、風でばらまくだけです。しかし、こんな方法では、花粉が無事に届く確率は高くありません。

一方、虫が花粉を運んでくれれば、確実に花粉が届きます。そのため**植物たちは、虫を呼び寄せるために美しい花を咲《さ》かせるような進化をして、お花畑を作っていきました。**トリケラトプスは、そんなお花畑の植物を食べていたと考えられているのです。

第3話

最高の仲間を作る方法

誰《だれ》の力も借りずに自分の力だけで頑《がん》張《ば》ることも素晴らしいことですが、誰かと助け合うことも大切です。

植物も、さまざまな生き物と助け合いながら暮らしています。

たとえば植物の花は、昆虫《こんちゅう》に蜜《みつ》を与《あた》えます。そして、その代わりに昆虫に花粉を運んでもらいます。まさに助け合っているのです。

こんなすてきなパートナーシップは、どのようにして築かれたのでしょうか。

出会いは最悪！

初めて友だちを作るときって、なかなかうまくいきませんよね。

それは、植物と昆虫も同じでした。

進化の過程で植物と昆虫が最初に出会ったとき、それはけっして良い関係ではありませんでした。

被子《ひし》植物と呼ばれる植物が誕生したのは、恐竜《きょうりゅう》時代の終わり頃《ころ》のことです。その頃はまだ、どの被子植物も、裸子《らし》植物と同じように、風の力で花粉を飛ばしていたと推察されています。

もともと昆虫は、花粉をエサにするために花にやってきました。つまり、やってきた虫は植物にとって害虫だったのです。

ところが、事件が起きました。

花粉をむさぼり食う昆虫の体に花粉がついたのです。昆虫が別の花に移動すると、花粉も運ばれて別の花のめしべにつきました。こうして、昆虫によって花粉が運ばれたのです。

風で飛ばした花粉は、どこへ飛んでいくかわかりません。そのため、花から花へと花粉を運ぶためには、大量の花粉を作らなければなりません。ところが昆虫は、花から花へと移動します。昆虫が花粉を運んでくれるのであれば、こんなに効率の良いことはありません。少しくらい花粉を食べられたとしても、花粉の量をずっと節約することができるのです。

最初は嫌《いや》な人かと思っていたけれど、仲良くしてみると、心強いパートナーだった。植物にとって昆虫とは、そういう存在だったのです。

植物の進化というのは、人間の知恵《ちえ》が及《およ》ばないくらいによくできていますが、植物自身が計画を立てて進化をしているわけではありません。

たまたま昆虫に花粉がつきやすい花があれば、その花の花粉は効率よく運ばれて、よりたくさんの種子を作ることができます。その子孫の中でも、さらに昆虫に花粉がつきやすい花が、よりたくさんの子孫を残していきます。こうして、だんだんと昆虫に花粉がつきやすい花が選ばれていくことによって、花は昆虫に花粉をつけやすい形に変化をしていくのです。

その結果として、美しい花びらで飾《かざ》ったり、甘《あま》い蜜を蓄《たくわ》えた「昆虫を呼び寄せる花」が進化をしていきました。

初恋の相手

ところで、進化の歴史の中で、最初に花粉を運んだ昆虫は何だったでしょうか。

それは、コガネムシの仲間です。

ハチやチョウじゃないの？　と驚《おどろ》くかもしれません。ハチやチョウは、花の蜜を吸うように進化をした昆虫です。ただし、昆虫が花粉を運び始めた頃、ハチやチョウは、まだ地球上に出現していませんでした。

ハチやチョウは、花から花へと華麗《かれい》に飛び回りますが、コガネムシはそうではありません。

「初恋《はつこい》」というものが、なかなかうまく進まないように、植物の花とコガネムシの関係も、とても不器用なものでした。

コガネムシはけっしてスマートな昆虫ではありません。墜落《ついらく》したかと思うほど、ドスンと花に着陸し、餌《えさ》の花粉を食べあさって花の中を動き回ります。そして、不器用に飛び立っていくのです。

現代でも、コガネムシの仲間に花粉を運んでもらう花がいます。

たとえば、春に咲くモクレンの花は、古い植物の特徴《とくちょう》を残していると言われています。コガネムシの仲間に花粉を運んでもらうこの花は、非常に単純な構造をしていて、コガネムシが暴れ回っても大丈夫《だいじょうぶ》なように丈夫な構造をしています。

こうして、植物は昆虫をパートナーとして花粉を運んでもらうようになりました。

パートナーを組むときには、どちらかが損をするようでは、長続きしません。どちらにとっても得になるということが大事です。

それにしても、植物が昆虫に報酬《ほうしゅう》を与え、報酬をもらった昆虫が植物のために花粉を運ぶという助け合いのしくみは、本当によくできています。

思い返してみて、植物と昆虫のすてきな関係を築くために、植物が最初にしたことは何だったでしょう。

それは、大切な花粉を「与える」ことでした。

そして、まず相手に「与える」ことによって、花粉を食べにきた害虫さえ仲間にして、パートナーシップを作り上げたのです。

第4話

植物からの挑戦状

植物は、自分たちが生き残るために難しい問題を抱《かか》えています。そして、それを見事に解決しているのです。これから皆《みな》さんにも、植物の作戦を考えてもらうことにしましょう。

　みなさんは、植物と同じようにその難題をクリアすることができるでしょうか。

　最初の頃《ころ》、昆虫《こんちゅう》は花粉をエサにしていました。

　しかし、植物にとって花粉はとても大切なものです。そのため、花粉の代わりにエサとなる甘《あま》い蜜《みつ》を用意するようになりました。そして、蜜をエサにするハチやチョウなどが誕生したのです。

進化をした昆虫の中には、効率良く花粉を運んでくれる昆虫と、そうでない昆虫がいます。花の立場に立ってみると、せっかく用意した蜜を与《あた》えるのであれば、効率よく花粉を運んでくれる昆虫に来てほしいものです。

それでは、最初の問題です。

どうすれば、効率良く花粉を運んでくれる昆虫だけに、蜜を与えることができるでしょうか?

たとえば、効率良く花粉を運ぶ昆虫の代表は、ハチの仲間です。

どうすれば、他の昆虫ではなく、ハチだけに蜜を与えることができるでしょうか。

パートナーを選ぶ

皆さんは誰《だれ》かと組もうとするときに、どのようにしてメンバーを選びますか。

たとえば、運動会でリレーのチームを作るのであれば、足の速いメンバーが必要です。体力テストのときの短距離走《たんきょりそう》のタイムを聞いて、足の速い人を選ぶことでしょう。

あるいは、班ごとに音楽会で合奏をするときには笛のテストで笛がうまかった人や、歌のテストで歌がうまかった人を選ぶことでしょう。

そうなんです。テストをして、その実力を計るのです。


植物の花も、やってきた昆虫をテストします。そして、与えられた課題をクリアできた昆虫だけに、蜜を与えるのです。

しかし、植物は動くことができません。

どうすれば、テストをして昆虫を選ぶことが、できるのでしょうか?


植物が作りあげたテストは、花の形を複雑にするということでした。

花の形を複雑にして、その一番奥《おく》に、蜜を隠《かく》します。そして、脱出《だっしゅつ》ゲームや迷路《めいろ》のような仕掛《しか》けを作って、それをクリアした昆虫だけが、奥に隠された蜜にたどりつけるようにしたのです。

本当に植物にそんなことが可能でしょうか。

たとえば、野に咲《さ》くスミレの花を見てみましょう。スミレの選んだパートナーはハチの仲間です。

スミレの花の下の花びらは、白っぽく模様のようになっています。じつは、この模様が「ここに蜜がある。ここに止まりなさい」という合図になっているのです。この合図を理解したハチは、下の花びらに止まります。すると、花の奥に続く道があって、蜜のありかへの入り口となっているのです。

単純な構造に見えますが、たとえば、上の花びらに止まると、どんなに探しても、蜜は見えません。アブは、タンポポの花によくやってくる昆虫ですが、ハチに比べると飛ぶ距離が短く、花粉を遠くへ運ぶことができないので、スミレはアブをパートナーとして選んでいないようです。

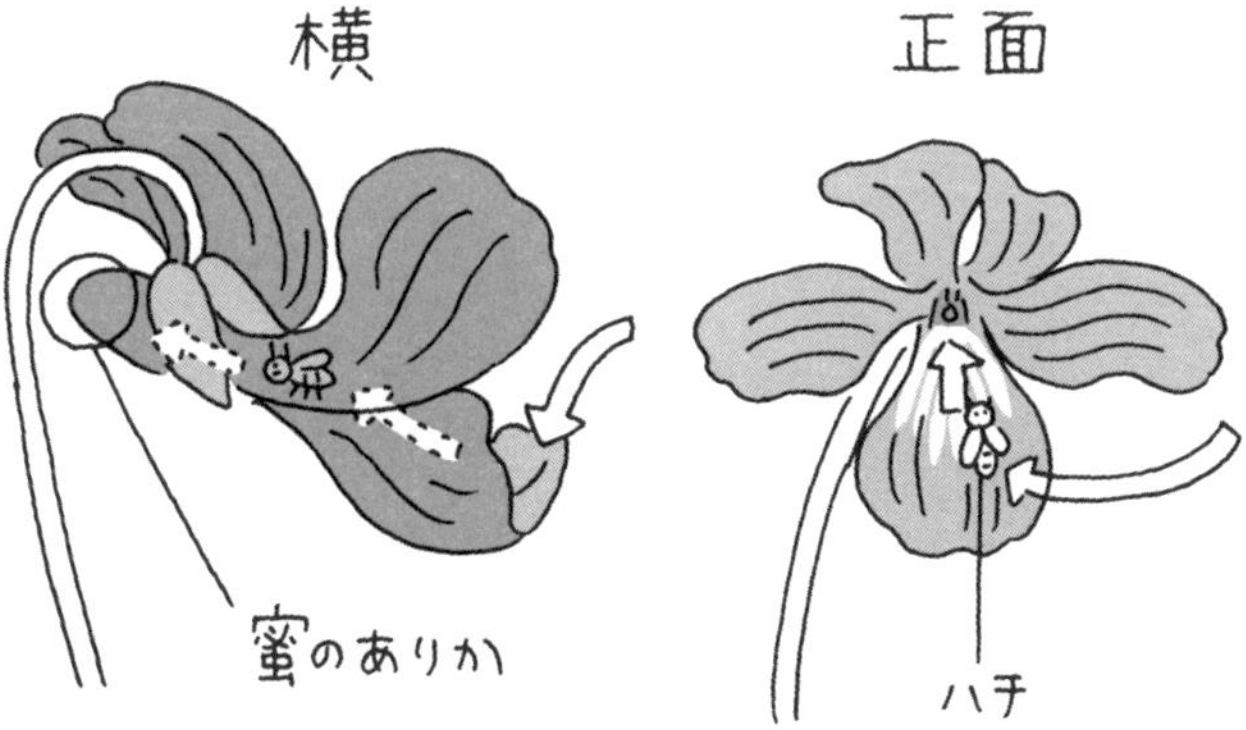

花の形を複雑にしたスミレ

アブはタンポポの花にやってくるときと同じように、上から飛んできてスミレの上の花びらに止まります。そして、花の入り口をうろうろ探すのですが、スミレの花の中に入ることができずに、ついにはあきらめて飛び去ってしまいます。

蜜のありかを示した暗号を解いたハチには、次のテストが待っています。

与えられた次のミッションは、細く長く続く花の奥の方へ侵入《しんにゅう》することです。

スミレの花を横から見ると、花の付け根は花の中央部についています。そして、やじろべえのように水平を保ちながら、一番奥のところに蜜の入れ物がある構造になっているのです。

この奥深くに潜《もぐ》り込《こ》んで、そして、後ずさりをして戻《もど》ってこなければなりません。

じつは、この狭《せま》いところに潜り込んで、後ずさりで戻ってくるということを、ふつうの昆虫は苦手としています。そして、それを大の得意としているのが、ハチの仲間なのです。

こうして、蜜のありかを理解する知能テストと、花の奥に潜り込む体力テストに合格した昆虫だけが、蜜にありつけるしくみになっています。

もちろん、蜜のありかに進んでいく道の途中《とちゅう》には、おしべとめしべが隠されています。そして、昆虫の背中に花粉をつけるのです。それにしても、背中につけるというのが、何とも心憎《にく》い方法です。背中につけた花粉は、虫の足が届かないので、払《はら》い落とされることはありません。

おそらくその昔、スミレは、ハチを花粉を運ぶパートナーとして選びました。そして、ハチだけが蜜にたどりつけるような花の形を目指したのです。ハチが、問題をクリアできるようになると、他の昆虫が全く入り込めないように、さらに問題を難しくしていきました。そして、ハチもまた、新たな問題がクリアできるような進化をしていきました。こうして、問題を出題するスミレと、問題を解くハチが、共に進化をすることによって、現在のスミレの花のように、他の虫では解けないような複雑な花が作られたと考えられているのです。このように二種類以上の生物が互いに影響《えいきょう》しあいながら進化することを「共《きょう》進化《しんか》」と言います。

自然界には、おもしろい形をした複雑な構造の花がありますが、それらの花々は、こうやって進化したのです。

計画通りのハチの行動

ハチというパートナーは、本当に優《すぐ》れています。

たとえば、ミツバチは女王蜂《じょうおうばち》を中心に大家族を作ります。そして、働き蜂は、自分の分だけでなく、家族のために蜜を集めて飛び回るのです。ハチがたくさん飛び回るということは、それだけ花粉が運ばれるということですから、それは、植物にとってうれしいことです。

また、さらにハチは優れた点があります。

それは、同じ種類の花を探して飛び回ることができるのです。

どんなに花粉を運んでくれると言っても、違《ちが》う種類の花に花粉を運ばれたのでは、植物は、タネをつけることはできません。スミレの花粉はスミレの別の花に運ばれて、はじめてタネができるのです。

その点、スミレにやってきたハチは、またスミレの花を探して飛んでいきます。そのため、スミレの花粉が確実にスミレに運ばれるのです。しかし、ハチは親切心でわざわざスミレを探しているわけではありません。

じつは、これも植物が仕組んでいるのです。

もちろん、植物が超能力《ちょうのうりょく》でハチの脳を操っているというわけではありません。ハチが望むなら、ハチの意思で近くにある違う種類の花に飛んでいくこともできるのです。

それでもハチは、自らの意思で同じスミレの花に飛んでいきます。

植物は、どんな仕掛けでそんなことを実現しているのでしょうか？

みなさんは、植物の作戦がわかりますか？

これが、植物からの挑戦状《ちょうせんじょう》の二つ目です。

遠方でも試験を受けたくなる学校

じつは、これも花の形を複雑にすることによって得られた効果でした。

どういうことでしょうか？

皆さんは、毎回違うテストを出してくる先生と、毎回同じテストを出してくる先生は、どちらが楽ですか？

あるいは、入学試験の問題が毎年同じ学校があったとしたら、受けてみたくなりませんか？

ハチも同じです。

パズルのような問題を解いて、スミレの花の蜜にありついたハチ。もし、このハチが別の種類の花に行くと、また、最初から問題を解かなければなりません。しかも、問題を解いたからと言って、蜜があるとも限りません。

ところが、スミレの花は、もう蜜があることがわかっていますし、蜜の入手方法もわかっています。そのため、スミレで蜜を得たハチは、同じ方法で蜜を得ることのできるスミレの花を探して飛んでいくのです。

ハチは頭がいいので、同じ種類の花を認識して探すことができます。植物はハチの頭のよさを利用しているのです。

自然界では、それぞれが「自分さえよければ、それでいい」と考えて利己的に行動しています。他の生物のために、自分は我慢《がまん》しようなどという生き物はいません。それなのに、**みんなが自分勝手に振《ふ》る舞《ま》った結果、みんなが得をするようになっている**のです。

もちろん、他の生物をだまして得をしようとする生き物もいますが、少数派です。他の生物をだますような生き物は、得をしているように見えても長い進化の歴史の中で成功できなかったのでしょう。

そして、結果的に「自分も得をして、みんなが得をする」という関係性を築けた生き物だけが、生き残ってきたのです。

植物にとっての難問

さて、最後の問題です。


たっぷりと蜜を用意して、昆虫を呼び寄せました。

しかし、それだけでは成功とは言えません。それだけではダメなのです。

植物が昆虫を呼び寄せるのは、昆虫に花粉を運んでもらうためです。やってきた昆虫の体に花粉をつけたら、今度は違う花に飛んでいってもらう必要があります。

昆虫を呼び寄せるために、花は蜜を蓄《たくわ》えますが、あまりにたっぷりと蜜を用意すると、やってきた昆虫はずっとそこに居座《いすわ》って蜜を吸い続けるかもしれません。

昆虫にやってきてほしい、しかしやってきた昆虫は早く立ち去って欲しい。これが植物の本音なのです。

それでは、どのようにすれば、やってきた虫が早く立ち去ってくれるでしょうか？

皆さんなら、どんな作戦を考えますか？

残念ながら、答えはよくわかっていません。植物の世界はまだわかっていないことだらけなのです。

ただし、こうではないかと考えられている仮説があります。

それが、花ごとに蜜の量をばらつかせるという方法です。つまり、蜜のたくさん入っている花と、蜜の少ない花を用意するのです。

おいしいと評判のラーメンチェーン。もし、すべての店でラーメンの味が同じであれば、一軒《けん》のお店に行けば満足です。しかし、お店によって少しずつ味が違うと言われたら、どうですか？　いろいろなお店を回ってみたくなります。

箱に入ったたくさんのチョコレート。この中においしいアタリの味とそれほどおいしくないハズレの味があります。もし、アタリの味がわかっていれば、アタリを食べればおしまいです。しかし、どの味がアタリなのかわからなかったとしたら、どうでしょう。アタリを食べても、他のチョコレートも食べなければ、そもそも、それがおいしいアタリなのかわかりません。そのため、次々に全部のチョコレートを食べてしまうのです。

同じ種類の植物なのに、その花には蜜のたくさん入っているものと、そうでないものがあります。

蜜の少ない花にやってきた昆虫は、これはハズレかもしれないと次の花へ移動します。もし、それが蜜の多い花だったとしても、やってきた昆虫はアタリだとはわかりません。もしかすると、別の花にはもっとたくさんの蜜があるかもしれないと思います。そして、やっぱり次々に花を訪れるのです。

こうして、蜜の量をばらつかせることによって、植物は昆虫を花から花へと移動させているのです。

しかし、この作戦は簡単ではありません。

もし、蜜の量が少ないハズレの花ばかりだと、やってきた昆虫は、この植物を回るのをやめて、別の種類の植物を回るようになってしまうかもしれません。

蜜の量を調節するだけで、昆虫にやってきてもらったり、やってきた昆虫を立ち去らせることは、実際にはすごく難しいことなのです。

しかし、実際にそれをやってのけているのですから、植物は本当にすごいですね。そう思いませんか。

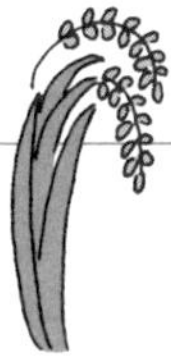

第5話

人類と単子葉植物の出会い

劇的なイノベーション（技術革新）は、世の中を大きく変えていきます。

18世紀に英国で起こった産業革命は、それまで手作業で行っていた物作りを、機械で行うという画期的なイノベーションでした。

その後、機械による大量生産で作られた自動車が馬車に取って代わるようになります。

近年では、パソコンやスマートフォン、AI（人工知能）の開発が、大きなイノベーションかもしれません。

話を単子葉《たんしよう》植物に戻《もど》しましょう。
植物にとって大きなイノベーションの一つは、裸子《らし》植物から被子《ひし》植物への進化でした。
被子植物というイノベーションは、さまざまな花の進化を生み出します。
そして、ついには、単子葉植物という新たなイノベーションを作り出すのです。

恐竜《きょうりゅう》が絶滅《ぜつめつ》したのが6500万年前と言われます。
それから、ずいぶんと時代が過ぎた、およそ700万年前のことです。
史上最強にして、もっとも危険で恐《おそ》ろしい生物が地球上に出現します。
それは、何だか、わかりますか？

地球に出現した危険な生物

史上最強にして、もっとも危険で恐ろしい生物……。それは人類です。
後に人類は、地球の環境《かんきょう》を大きく変化させて、多くの生き物を簡単に絶滅に追いやるような強大な力を手に入れるようになります。

しかし、人類の祖先が誕生した七〇〇万年前、彼《かれ》らは、まだ肉食動物におびえて暮らすような、か弱い存在でした。

人類の祖先は、もともとアフリカの森林に暮らすサルでした。しかし地殻《ちかく》変動と気候変動によって森林がなくなってしまったのです。食べるものも、隠《かく》れる場所も奪《うば》われた彼らは、生き抜くために知恵を発達させました。こうして人類が誕生したのです。

森を失った人類が暮らす場所に生えていたのが、単子葉植物の中で「イネ科植物」と呼ばれる植物です。

私たちの身近なところでは、イネやコムギなどの作物がイネ科作物です。また、公園のシバや、道端《みちばた》に生えているエノコログサもイネ科植物です。皆《みな》さんは草むらの絵を描《か》くときに、地面から草の葉っぱが出た絵を描きますよね。あの草むらの草が、イネ科の植物です。

イネ科植物は、単子葉植物の中でも、特に進化を遂《と》げたグループと言われています。

生物は恵《めぐ》まれた環境よりも、厳しい環境下のほうが、より進化をします。変化しなければ、生き残っていくことができないからです。

雨が少なく乾燥《かんそう》した草原は、植物にとっても厳しい環境でした。

イネ科植物は、そんな厳しい環境で進化をした植物なのです。

イネ科植物の進化

イネ科植物の特徴《とくちょう》の一つは、花粉を風で運ぶ、ということです。

第4話で紹介《しょうかい》したように、古いタイプである裸子植物は、もともと風で花粉を運んでいました。しかし、その後、進化を遂げた被子植物は、「昆虫《こんちゅう》を利用して花粉を運ぶ」という画期的なスタイルを手にするのです。

ところが乾《かわ》いた大地では、花粉を運んでくれるような昆虫は、たくさんはいませんでした。その代わりに大地を風が吹《ふ》き抜《ぬ》けていきます。そこでイネ科植物は、古いスタイルである裸子植物と同じように、風で花粉を運ぶスタイルに、進化をし直したのです。

植物の作り出す花粉は「花粉症《しょう》」の原因になりますが、花粉症の主な原因になるのは、大量の花粉を風でまき散らすヒノキやスギなどの裸子植物と、イネ科植物です。昆虫が花粉を運ぶ植物は、花粉をまき散らすような無駄《むだ》なことはしません。

古いタイプの植物と、もっとも進化したタイプの植物が、現在では、花粉症の原因となって大暴れしているのです。


水が少なく乾いた大地では、すべての生物が生きることに必死でした。

豊かな森と違《ちが》い、草原には食べられる植物は限られていますので、植物をエサにする草食動物は大変です。

しかし、それは動物たちに食べられるイネ科植物にとっても、過酷《かこく》なことでした。

何しろ、動物たちは懸命《けんめい》に植物を探し回り、競い合って食べあさります。動物も大変ですが、エサとなる植物にとっても、大変です。襲《おそ》い来る草食動物から、身を守らなければならないのです。

植物は動けません。隠れたり、走って逃《に》げることもできません。

皆さんがイネ科植物だったら、どうやって身を守るでしょうか？

草食動物との戦い

植物が動物の食害から身を守る方法には、トゲを作ったり、毒を作るという方法があります。ただし、トゲや毒を作るのにも、材料が必要となります。

イネ科植物が進化をした草原は、生きていくのがやっとなくらい水や栄養分が少ない環境です。限られた材料を使ってトゲや毒を用意することが、生存にとって必ずしも有利とは限りません。

そこで、イネ科植物の作戦の一つ目は、体を硬《かた》くすることでした。

じつは、土の中にはケイ素というガラスの材料になる物質が豊富にあります。このケイ素で葉っぱや茎《くき》を食べられないように硬くしたのです。ススキなどのイネ科植物の葉をさわると指が切れてしまうことがありますが、これは、イネ科植物がケイ素で身を守っているからです。

しかし、草食動物も負けていられません。何しろ、植物を食べなければ死んでしまうのです。そこで、ウシやウマなどの草食動物の祖先は、イネ科植物をかみつぶすような丈夫《じょうぶ》な歯を進化させました。

イネ科植物の作戦の二つ目が、葉の栄養を少なくするということでした。エサとして魅力《みりょく》がなければ狙《ねら》われにくくなります。

私たちは、アブラナ科植物のキャベツや、キク科植物のレタス、ヒユ科植物のホウレンソウのように、さまざまな植物の葉っぱを野菜として食べていますが、イネ科植物の葉を食べることはほとんどありません。それは、イネ科植物の葉が硬くて、栄養がないからなのです。

しかし、草食動物も負けてはいません。栄養豊富な他の植物を食べ尽《つ》くせば、イネ科植物しか残りません。イネ科植物をエサにしなければ、草原で生きていくことができないのです。

栄養のないイネ科植物をエサにするために、草食動物は、どうしたでしょうか？

草食動物 VS イネ科植物
硬い
体を硬くする!
ケイ素
歯を丈夫にする
どうしよう…
どうしよう…
栄養ありませんよ!
戦いは続く!

戦いながら共存する

草食動物の進化

栄養価の少ないイネ科植物から、いかにして栄養を得るか、おそらくこれは、草食動物にとってかなり難しい進化でした。

ウシの仲間は胃が四つあることが知られています。これが、ウシの仲間の生き残り戦略でした。じつは、ウシは胃の中にたくさんの微生物《びせいぶつ》を住まわせています。この微生物のはたらきで、さまざまな栄養分を作り出しているのです。いわば、草をエサにして微生物を飼っているようなものです。

また、ウマの仲間は、長い盲腸《もうちょう》を持っていて、盲腸の中に、同じように微生物を住まわせています。この微生物がイネ科植物を分解し、栄養分を作り出しているのです。

ウシやウマなどは、栄養の少ない草しか食べないのに、大きな体を持っています。これは、たくさんの草を体内に貯蔵して微生物を住まわせるために、体を大きくする必要があったからなのです。

イネ科植物の画期的な作戦

それでもまだ、イネ科植物にも作戦はあります。

作戦の三つ目は、じつに画期的な進化でした。それが、茎の成長点を低くするということです。

植物の茎の成長点は茎の先端《せんたん》にあります。この成長点で細胞分裂《さいぼうぶんれつ》をしながら伸《の》びていくのです。ところが、この方法では、茎の先端を食べられると大切な成長点を失ってしまうことになります。そこでイネ科植物は、茎をほとんど伸ばさずに、成長点を地面に近い低い位置に配置する進化を遂げました。そして、葉っぱだけを上へ上へと茂《しげ》らせていくのです。

これが、私たちが草むらを描くときのイメージです。

この方法であれば、いくら食べられても、葉っぱの先端を食べられるだけで、成長点が傷つくことはありません。そして、花を咲《さ》かせてタネをつける時期だけ、すばやく茎を伸ばして穂《ほ》をつけるのです。

どんなに食べられないように進化をしても、結局、草食動物は、イネ科植物を食べるような進化をしてしまいます。そこでイネ科植物は、**食べられても食べられても、滅《ほろ》びないという進化**を選んだのです。

公園やグラウンドの芝生《しばふ》はシバという植物が生えています。シバは、芝刈《しばか》りをすればするほど、元気になります。

シバもイネ科植物です。

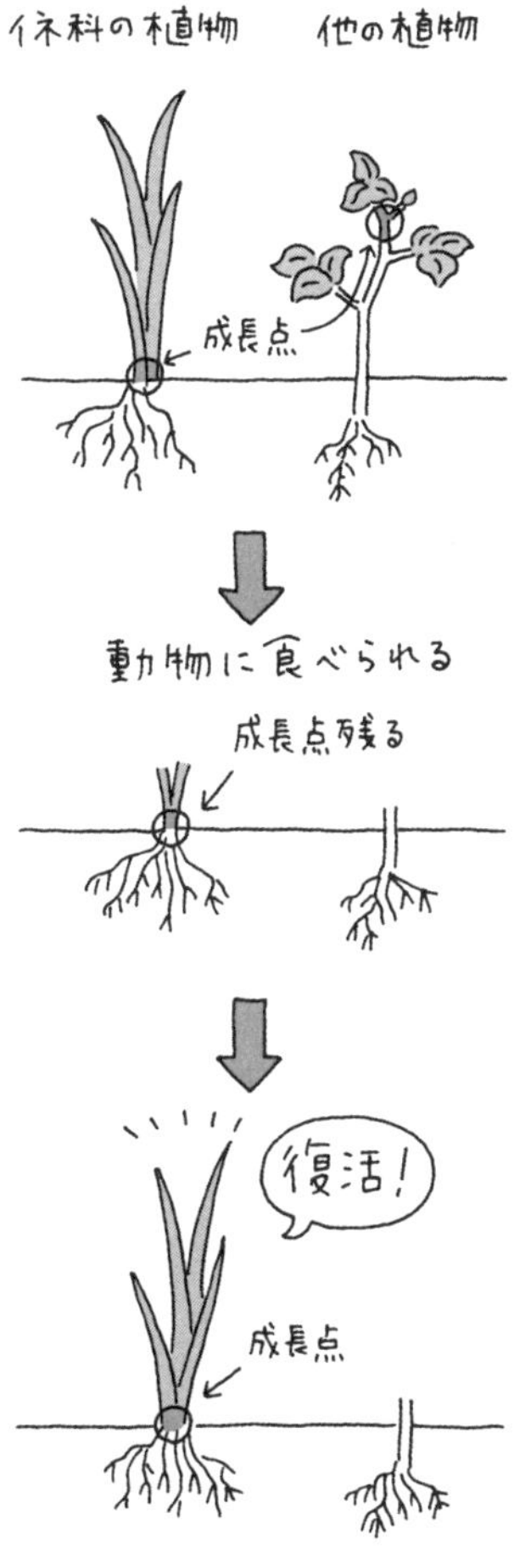

成長点の違い

シバにとって芝刈りされることは、草食動物に食べられることと同じです。刈られても刈られても、シバの成長点は残ります。そして、刈り込《こ》めば刈り込むほど、他の植物はいなくなり、根元まで光も差し込みます。シバが芝刈りに強いのは、食べられても食べられても大丈夫というイネ科植物の進化があるからなのです。

イネ科植物のタネの工夫

ところで、私たちが食べるご飯って何でしょう。

ご飯は、お米を炊《た》いたものです。

それでは、お米って何でしょうか。

お米はイネに実ります。じつは、お米はイネのタネです。

私たちは植物のタネを食べているのです。

それでは、パンやパスタは何からできているでしょうか。

パンやパスタの材料は小麦粉です。小麦粉はコムギという植物の種子を挽《ひ》いて粉にしたものです。パンやパスタも元をたどれば、植物のタネなのです。

イネやコムギはイネ科植物に分類されます。

世界中にはたくさんの植物があるのに、どうして私たち人類は、イネ科植物のタネを重要な食糧《しょくりょう》としているのでしょうか？

これには理由があります。

じつは、イネ科植物のタネは、人間の生命活動のエネルギー源となるでんぷんを豊富に含《ふく》んでいるのです。

植物は光合成をします。

光合成というのは、光のエネルギーを取り込むしくみです。言わば、太陽光発電のようなものです。

光合成は、「二酸化炭素＋水　↓　でんぷん＋酸素」の式で表わされます。このとき、太陽の光をエネルギーとして使います。太陽のエネルギーを利用して作られたでんぷんは、エネルギーを取り込んだ蓄電池《ちくでんち》のような存在です。光合成は、太陽のエネルギーを蓄《たくわ》えるためにでんぷんを作る作業なのです。

光合成は酸素を作るというイメージがあります。酸素は私たちの呼吸にとってなくてはならないものですが、植物にとっては、でんぷんを作ったときに出る廃棄物《はいきぶつ》のようなものです。

私たち動物は呼吸をします。もちろん、植物にとっても呼吸は大切です。呼吸の式を思い出してみましょう。

呼吸は「でんぷん＋酸素　→　二酸化炭素＋水」で表わされます。

そうです。光合成とまったく逆の反応なのです。

光合成の反応は光というエネルギーを必要としましたが、呼吸は逆の反応なので、光合成とは逆にエネルギーが出てきます。つまりは、でんぷんという蓄電池を分解して、生きるために必要なエネルギーを得ているのです。でんぷんは植物が作り出すことのできる、もっとも簡単で単純なエネルギー源です。

植物のタネは、主に、でんぷんとタンパク質、脂質《ししつ》を含《ふく》んでいます。でんぷんはエネルギー源です。また、タンパク質は植物の体の材料になる物質です。そして、脂質はでんぷんよりも莫大《ばくだい》なエネルギーを生み出すエネルギー源です。脂質は油ですから、自動車がガソリンで動いたり、ストーブが灯油で燃えるように、エネルギー源としてとても優《すぐ》れているのです。

ヒマワリやナタネ、ゴマなどは、食用油の原料となるように、脂質を豊富に含む種子です。ヒマワリが大きく成長するためのスタートダッシュを可能にしているのは、種子の中に脂質を豊富に含むからです。また、ナタネやゴマはとても小さな種です。種が小さくても成長できるのは、エネルギー量の多い脂質を含んでいるからなのです。

しかし、イネ科植物が暮らす草原は、過酷な環境で、余分な物質を作り出す余裕《よゆう》はありません。そこで、イネ科植物は、もっとも作りやすいでんぷんを、タネに貯蔵します。それが私たちの食糧となるのです。

草原に人類が誕生したのは、イネ科植物が進化を遂げたずいぶん後のことです。

しかし残念なことに、人類が誕生した当初、人類はイネ科植物のタネを食糧にすることができませんでした。イネ科植物は、草食動物に食べられないように、短期間で茎を伸ばして、一気にタネをばらまいてしまいます。タネが土の上にばらまかれてしまうと、一粒《ひとつぶ》ずつ拾って食べることは簡単ではありません。

そのため人類は、草原に生えるイネ科植物を利用することができなかったのです。

農業の誕生

これは、もう想像のお話です。

あるとき、こんな歴史的な大事件が起きました。

植物は、ときどき突然《とつぜん》変異を起こします。

あるとき、どこかの誰《だれ》かが、穂が出ているのに、タネが落ちていない突然変異の株を見つけました。

これは大発見です。

いつまでも落ちずに穂についているので、タネを食べることができるのです。

そのタネを食べずに土にまけば、増やすことができます。そのタネから増やした株は、タネが落ちない性質を受け継《つ》いでいるかもしれません。


こうして、コムギの栽培《さいばい》が始まりました。

これが農業の始まりです。


タネは、とても優れた特徴があります。

冷蔵庫のない大昔の話です。獲物《えもの》として捕《と》らえた動物の肉や収穫《しゅうかく》した植物の果実は、保存したいと思っても、時間が経《た》つと腐《くさ》ってしまいます。たくさんあっても食べきれないので、独り占《じ》めすることができないのです。

しかし、タネは違います。植物のタネは土の中でずっと生き続けることができます。そのため、タネはいつまで置いておいても簡単には腐りません。そして、いくらでも貯めることができるのです。

こうして、タネをたくさん蓄える人と、タネを持たない人の間には貧富の差が生まれていきました。そして人々は、よりたくさんのタネを得るために、水を引き、畑を作り、どんどんコムギを栽培していったのです。

人々はタネを蓄え、何かほしいものがあるとタネと交換《こうかん》したかもしれません。当時の人々にとって、タネはお金のような存在となったのです。

皆さんはエジプト文明やメソポタミア文明、インダス文明、黄河《こうが》文明などの言葉を聞いたことがありますか。こうした**古代文明は、このコムギの栽培によって発達したと考えられています。**

イネの進化

米を実らせるイネは、イネ科の植物です。イネは、田んぼに水を張って栽培します。

イネはもともと、湿地《しっち》に生える植物だったのです。

ところが、疑問が残ります。

これまで説明してきたように、イネ科植物は乾燥した大地で進化を遂げてきました。それなのに、どうしてイネは、湿地に生える植物となったのでしょうか。

これには、理由があります。

イネ科植物は、茎を伸ばさずに成長点を低い位置に配置する進化を遂げました。

じつは、この形は湿地に生える上でも、とても優れています。

私たちがプールに潜《もぐ》ると息が苦しくなるように、水の中では酸素を吸うことが簡単にはできません。植物にとっても水の中の酸素を吸収することは難しいことなので、水の中で根っこを伸ばすためには酸素の確保が重要です。

ところが、イネ科植物は葉と根の距離《きょり》が短いので、葉で吸収した酸素を根っこに容易に運ぶことができます。まるで水の上の空気を吸うシュノーケルをつけているようなものです。

そのため、**乾燥地帯で進化をしたイネ科植物は、湿地にも勢力を広げることができました。**イネは、そうして湿地に適応した、イネ科植物の一つだったのです。

中国では北を流れる黄河という川の流域に黄河文明が発達をしましたが、南を流れる長江《ちょうこう》という川の流域には長江文明が発達をしました。黄河文明がメソポタミア文明から伝えられたコムギによって発達したのに対して、長江文明はイネによって栄えたとされています。

イネも、たわわに実っても、米粒《つぶ》を地面に落とすことはありません。おそらくコムギと同じように、タネを落とさない突然変異が発見されて、イネの栽培が始まったと考えられています。

このイネが、縄文《じょうもん》時代後期から弥生《やよい》時代に日本に伝来し、クニ作りが行われていくようになるのです。

第6話

本当に強い者が勝つのか？

古いものが良いときもある？

古いものは改良されて、新しいものになっていきます。

それなのに、「新しいものより、古いものの方がいい」ということはあるのでしょうか。

パソコンやスマホで送る電子メールに比べて、手書きの手紙は、昔ながらの古い方法です。しかし、手書きの手紙は気持ちがこもっていて、もらうと何だかうれしくなります。

高速で走る新幹線に比べて、石炭で走る蒸気機関車は、スピードや快適さではとてもかないません。しかし、のんびりとした旅気分になれる蒸気機関車は、とても人気です。

まきでご飯を炊《た》くかまどは昔ながらの方法です。しかし、災害などで電気やガスが止まっても、ご飯を炊くことができます。また、かまどで炊いたご飯はおいしいと言われていて、最新式の炊飯器《すいはんき》は、かまどで炊いた時のご飯の味を目指して開発が進められています。

古いしくみの方が良いこともあるのです。

植物にもそんなことはあります。


植物の進化を復習してみましょう。

最初に裸子《らし》植物から、胚珠《はいしゅ》を子房《しぼう》で守る被子《ひし》植物が進化をしました。

植物は、大きく裸子植物と被子植物に分けられます。

やがて被子植物の中には、スピードを重視した単子葉《たんしよう》植物が現われます。そのため、被子植物は単子葉植物と、それ以外の双子葉《そうしよう》植物とに分けられるのです。

スピード重視の単子葉植物は、すべてが草です。しかし、双子葉植物は、その後、さまざまな進化をとげて、木に成長する木本植物と、草になる草本植物に分かれました。

地上に進出し、種子を作る植物の中では、裸子植物がもっとも古いタイプです。裸子植物は恐竜《きょうりゅう》の時代から存在しています。その多くは絶滅《ぜつめつ》してしまったと考えられていますが、恐竜のようにすべてが絶滅してしまったわけではありません。現在でも、マツやスギなどの裸子植物は生き残っています。どうしてなのでしょうか？

裸子植物の古いシステム

古いタイプである裸子植物に比べて、被子植物は劇的に進化しています。

すでに紹介《しょうかい》したように、進化の理由の一つは、胚珠が子房で包まれているということです。「胚珠を子房で包む」というたったこれだけの発明によって、被子植物は進化のスピードアップに成功しました。そして、「花」を機能的に進化させていったのです。

他にも、被子植物が進化させたものがあります。

それが水を運ぶ道管《どうかん》です。

道管は、根っこで吸った水や栄養分を運ぶための管です。そのため、下から上へと流れていきます。これに対して師管《しかん》は、葉っぱで作った栄養分を植物体内に運ぶための管です。つまりは人間の血管と同じような役割をしています。

この道管と師管の束を「維管束《いかんそく》」と言います。「維管束」という言葉をよく見ると、そのまま「繊維《せんい》の管の束」と書いてありますよね。

「維管束」という言葉は、第1話（14ページ）でも登場しています。覚えていますか。

双子葉植物は、維管束が輪のような形で美しく整えられていました。これが形成層です。一方、単子葉植物はスピード重視で、維管束はフォーメーションを整えずに、バラバラでした。

ちなみに、道管と師管は、道管の方が内側にあります。これは栄養の流れよりも、水の流れの方が植物にとって重要なので、大切な水が中を通っているという意味があります。

また、水を通すだけの道管は、じつは死んだ細胞《さいぼう》からできています。木が年輪を刻みながら大きくなっていくように、植物は外へ外へと太りながら成長していきます。そのため、死んだ細胞の方が内側にあるという意味もあります。

さて、道管は、ちょうど水を運ぶ水道管のようなものです。そういえば、道管という言葉は水道管という言葉と、よく似ています。被子植物は、水道管と同じように、茎《くき》の中に水を通す専用の空洞《くうどう》を作って、パイプのようにその中を通水させるのです。

一方、裸子植物は、道管ではなく、「仮道管」というしくみで水を運んでいます。「仮の道管」というくらいですから、これは、道管よりも劣《おと》った古いシステムです。仮道管は、細胞と細胞の間に小さな穴があいていて、この穴をとおして細胞から細胞へと順番に水を伝えていくしくみです。いわばバケツに入った水をリレーして手渡《てわた》ししていくように水を運んでいくのです。

被子植物が編み出した「道管」という新しいシステムに比べて、仮道管は、効率の悪いしくみです。しかし、この「仮道管」の方が、「道管」よりも優《すぐ》れていることがあるというから、おもしろいものです。

いったい、仮道管は何が優れていたのでしょうか?

新しいシステムの欠点

「道管」という新しいシステムには、欠点がありました。

それは、水の凍結《とうけつ》に弱いということです。

皆《みな》さんは、水が凍《こお》ると体積がどうなるか、わかりますか?

一般《いっぱん》に、物質は温度が高いと膨張《ぼうちょう》して体積が大きくなり、温度が低いと縮小して体積が小さくなります。

水も同じです。温度が高いと膨張し、温度が低いと縮小します。ところが、です。「水」は私たちにとっては、もっともありふれた物質ですが、地球上に存在する物質の中では、とても変わった性質を持つ物質でもあります。その変わった性質の一つが、温度が下がって氷になると、膨張して体積が大きくなることです。

そのため、気温が低く氷点下になると、水が凍って体積が膨張し、水道管が破裂《はれつ》するという事故が起こります。

植物の道管は、破裂するようなことはありませんが、道管の中の氷が溶《と》けるときに問題が起こります。氷が溶けて水になると体積が小さくなって、すき間が空いてしまうのです。道管の中は、水がつながった水柱となることで、水が引き上げられます。もし、水柱のつながりにすき間があると、水を吸い上げることができなくなってしまうのです。

ところが、裸子植物は違《ちが》います。

仮道管は、細胞から細胞へとバケツリレーのように水を運んでいきます。水を運ぶスピードはゆっくりですが、確実に水を伝えることができるのです。

そのため、水が凍るような寒い地域では、古いタイプの裸子植物の方が新しいタイプの被子植物よりも有利なのです。

皆さんは「タイガ」って聞いたことがありますか？　タイガとは、シベリアやカナダの北方地帯の寒い地域に広がる森のことです。このタイガは裸子植物の森です。

日本でも寒い地域である北海道ではトドマツやエゾマツなどの裸子植物の森が広がって

います。また、標高の高い山には、ハイマツという裸子植物が生えています。

これらの裸子植物は、葉から熱が逃げ出さないように葉を細くして表面積を小さくしています。この細い葉が針のようなので、「針葉樹」とも呼ばれています。

古くさいと言われても、裸子植物は、自分の強みを発揮できる場所を見つけて、大成功を収めているのです。

すべての植物に適した「場所」がある

被子植物の中の単子葉植物は、もっとも新しいタイプの植物です。

しかし、どうでしょう。

地球上のすべての植物が、進化した単子葉植物ばかりかといえば、そうではありません。

私たちの身の回りには、単子葉植物もあれば、双子葉植物もあります。草もあれば、木もあります。マツの木やスギの木などの裸子植物もあります。古いタイプだからといって、絶滅《ぜつめつ》することはありません。

植物の花はハチが花粉を運ぶ複雑な花が新しいタイプです。しかし、そうではない単純な花も咲《さ》いています。新しいタイプの花だけが生き残っているわけではありません。

これは、どういうことなのでしょうか？

新しいタイプの植物には、新しいタイプが適した環境があります。古いタイプの植物には、古いタイプに適した環境があります。

それぞれの植物に、それぞれ適した環境があるから、すべての植物が生き残っているのです。

もちろん、古いタイプと呼ばれる植物も、昔のままではありません。良い部分は残しながら、新しい時代に合わせた進化をしています。

出現した順番は裸子植物が古かったり、被子植物の単子葉植物がもっとも新しかったりしますが、すべてのタイプの植物がそれぞれに、時代に合わせた進化をしているのです。

植物にとって「強さ」とは何か？

自然界は「弱肉強食」とか「適者生存」と言われます。つまり、弱い者は滅《ほろ》び、強い者が生き残るというのです。

確かに自然界の競争は激しいものがあります。しかも、私たち人間の世界のように法律やルールや道徳があるわけではありません。何をしても、生き残れば勝ちという厳しい世界です。

しかし、どうでしょう。

もし、本当に強い者が生き残るのだとすれば、世界には勝ち残ったわずかな種類の植物しかないということになります。しかし、そうではありません。世界には本当にたくさんの植物があります。

植物にとって、「強い」って、どういうことなのでしょうか。

植物の世界には、さまざまな「強い」があります。隣《となり》の植物より茂《しげ》って、光を奪《うば》ってしまうという強さもあります。しかし、水のないところでじっと耐える強さもあります。洪《こう》水《ずい》で流されても再び、芽を出すという強さもあります。

それでは、皆さんにとって「強い」って何ですか？

人より勉強ができることですか。人より足が速いことですか。人よりけんかが強いことですか。もちろん、それも強さの一つかもしれません。しかし、植物の世界を見れば、強さとは、そんな単純なものではありません。たくさんの強さがあり、たくさんの勝負の仕方があります。だからこそ、さまざまな種類の植物が、色とりどりの花を咲かせているのです。

弱い者は滅び、強い者が生き残るというのが自然界の鉄則です。しかし、その中で、植物たちが見《み》出《いだ》した「強さ」とは何でしょう。

それは、「たくさんの種類がある方が強い」ということです。そして、「みんなが違うことが強い」ということです。

「たくさん」のものが、つながりあって「ひとつ」の世界を作っている。
これが、進化の末に植物が作り上げた世界なのです。

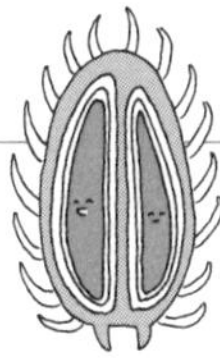

最終話

植物が大切にしていること

雑草を育てることは難しい？

皆《みな》さんは、雑草を育てたことがありますか？　おそらく、ないですよね。

植物の研究をしている私は、雑草を育てます。

ところが、です。雑草を育てるのは、思っているよりもずっと難しいのです。

雑草なんて放っておけば勝手に育つと思いますよね。もちろん、勝手には育ちますが、いざ育てようと思うと簡単には育たないのです。

何しろ雑草は、種を播《ま》いても芽が出てきません。野菜や花の種であれば、種を播いて水をやれば、芽が出てきます。ところが、雑草は水をやっても芽が出てきません。

野菜や花の種は、人間が発芽に適した時期に播いてくれます。そのため、野菜や花の種は人間のいうとおりに芽が出るのです。一方、雑草は芽を出す時期は自分で決めます。そのため、人間のいうとおりには、ならないのです。

やっと芽を出してきたと思っても、それからが大変です。

野菜や花の種であれば、一斉《いっせい》に芽を出してきます。ところが、雑草は芽が出てくる時期がバラバラです。早く芽を出すものがあるかと思えば、遅《おく》れて芽を出すものもいます。忘れた頃《ころ》に芽を出してくるものもあれば、それでも芽を出さずに眠《ねむ》り続けているものもあります。

どうして、こんなにバラバラなのでしょう。

せっかちが良いか、のんびりが良いか？

皆さんは、「オナモミ」を知っていますか。

トゲトゲした実が服にくっつくので「くっつき虫」という別名もあります。実を投げたり、服にくっつけて遊んだことがある人もいるかもしれません。

このオナモミの実を割ってみると、中には二つのタネが入っています。

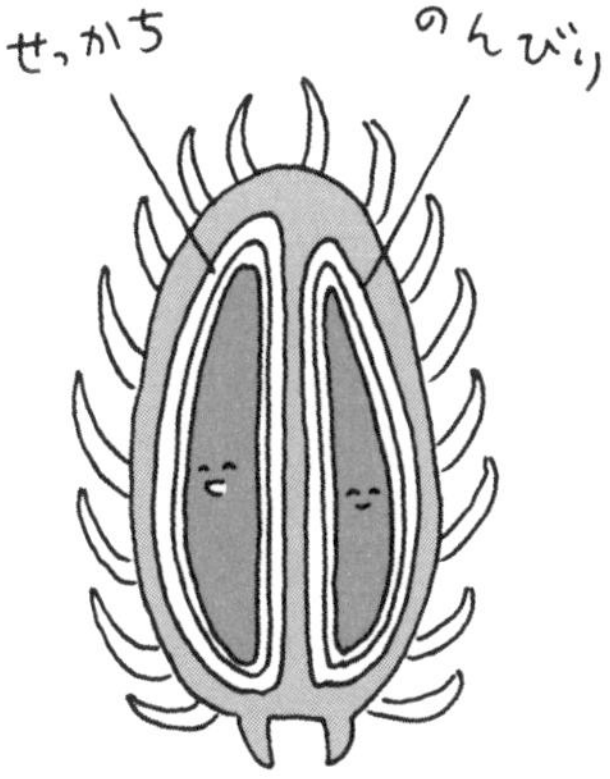

オナモミの種子

性格の異なる双子《ふたご》の種子

一つは、すぐに芽を出すせっかちなタネです。

もう一つのタネは、なかなか芽を出さないのんびり屋のタネです。

それでは、このせっかちなタネと、のんびり屋のタネは、どちらが優《すぐ》れているでしょうか？

そんなこと、わかりません。

早く芽を出した方が良いのか、遅《おそ》く芽を出した方が良いのかは、時と場合によって変わります。

自然界は競争ですから、早く芽を出した方がいいような気もします。しかし、すぐに芽を出しても、そのときの環境《かんきょう》が生育に適しているとは限りません。その場合は、慎重《しんちょう》に芽を出した方が良いかもしれません。

早い方がよいとか、遅い方がよいとか、優劣《ゆうれつ》を決めることはできません。オナモミにとっては、両方あることが大切なのです。

自然界では、何が優れているのか、何が正しいのか、わかりません。そのため、「いろいろある」ということに価値があるのです。

「個性」という戦略

地球上には、たくさんの種類の生き物がいます。これを「生物多様性」と言います。

「生物多様性」という言葉を聞いたことがありますか。

多様性は、同じ種類のものがたくさんいるだけではダメです。たくさんの種類がいることが大切なのです。

そして、生物多様性には、他にも意味があります。

オナモミの二つのタネが、違《ちが》った性格を持っているように、同じ種類であっても、それぞれが違った多様な性質を持っているということです。

たくさんの種類がいることを「種の多様性」と言います。これに対して、同じ種類の生物の中で、性質がばらつくことは「遺伝的多様性」と呼ばれています。

遺伝的多様性は、人間の世界では、「個性」と呼ばれるものかもしれません。

タンポポの花の色に個性はない

自然界の植物は、個性を大切にします。

しかし、不思議なことがあります。

タンポポの花はどれも黄色です。紫色《むらさきいろ》や赤色のタンポポを見かけることはありません。

タンポポの花の色に、個性はないのです。

これは、どうしてなのでしょうか。


タンポポは、主にアブの仲間を呼び寄せて花粉を運んでもらいます。

ハチは優れたパートナーですが、ハチを呼ぶには蜜《みつ》をたくさん用意しなければなりません。アブを呼ぶ方が手軽で、コストが掛《か》からないのです。

アブの仲間は、黄色い花に来やすい性質があります。そのため、アブを呼び寄せるタンポポの花の色は、黄色がベストなのです。黄色が一番いいと決まっているから、タンポポは、どれも黄色なのです。

正解がわかっているのですから、わざわざバラバラにする必要はありません。

しかし、タンポポのタネが芽を出す時期は、バラバラです。葉っぱの形もバラバラです。

株の大きさもバラバラです。

どれが正解かわからないとき、タンポポはバラバラであることを大切にします。

個性は、生物が生き残るために作りだした戦略です。理由もなくバラバラなのではありません。バラバラであることには、意味があるのです。

必要だから個性はある

それでは、私たち人間はどうでしょうか。

目の数は、誰《だれ》もが二つです。これは人間にとって目が二つあることが、ベストだからです。

目が二つあるのは当たり前だと思うかも知れませんが、そうではありません。たとえば昆虫《こんちゅう》は、二つの複眼の他に、単眼という目が三つあります。つまり、目が五つあるのです。はるか昔の古生代の海には、目が五つの生き物や、一つ目の生き物も存在していました。しかし今、私たちの目の数は二つです。「目の数に個性はいらない」というのが進化の結論だったからなのです。

しかし、私たちの顔はみんな違います。誰一人として同じ顔はありません。性格も一人ひとり違います。得意なことも、人それぞれ違います。

生物は、必要のない「個性」は持ちません。

私たちの性格や特徴《とくちょう》に個性があるということは、その個性が人間という生物種にとって必要だからです。「他人と違う」ということが、必要だからです。

人間の大人たちは、皆さんの個性をつかまえて、「これが良い」とか、「これはダメだ」と決めつけるかもしれません。あたかも答えを知っているようなフリを、するかもしれません。限られたテストで、順位をつけたり、成績をつけたがるかもしれません。

しかし長い進化の歴史を見れば、本当は、何が正しくて、何が優れているかなんてわからないのです。

だからこそ、植物はいろいろな個性を持っています。

人間もまたいろいろな個性を持っています。

そして、あなたには、あなただけの個性があるのです。

おわりに

私たちは、どうして勉強するのでしょうか。

皆《みな》さんは、山登りをしたことがありますか。

山登りをするのは、大変です。しかし、登るにつれて眼下の風景が見えてきます。皆さんの住んでいる学校や家が見えるかもしれません。遠くの町が見えるかもしれません。

もっと登ると、風景はどんどん広がっていきます。遠くに海が見えるかもしれませんし、向こうに美しい山並みが見えるかもしれません。もう、うれしくて「ヤッホー」と叫《さけ》びたいくらいです。

じつは、勉強も同じです。勉強すればするほど、見える風景が広がっていきます。勉強すればするほど、自分たちの生きる世界のことが、だんだんわかってくるのです。

美しい風景が見えないうちは、登り続けることは、けっして楽しいことではないかもしれません。何のために登っているのだろうと疑問に思うこともあるかもしれません。しかし、登り続けてみてください。

皆さんは生まれてから今まで、日本語を勉強してきました。ひらがなや漢字も勉強してきました。勉強してきたから、テレビも理解できるし、ゲームを楽しむこともできます。そして、この本を読むこともできるのです。勉強するって、そういうことなんです。

つまずくこともあります。転ぶこともあります。それでも登り続けていけば、やがて皆さんは、「ヤッホー」と叫びたくなるような美しい風景に出会うことでしょう。

勉強するって、そういうことなんです。

私たちの生きる世界は美しさと不思議にあふれています。ワクワクドキドキがあふれています。そんな風景を見てみたいと思いませんか。そんな山に登ってみませんか。

さあ、先に進むことにしましょう。未知なる冒険《ぼうけん》の旅は、まだ始まったばかりなのです。

最後に、本書を出版する機会をくださった筑摩《ちくま》書房《しょぼう》の吉澤《よしざわ》麻衣子《まいこ》さんに深謝します。

次に読んでほしい本

「お薦《すす》めの本はありますか？」とよく聞かれます。

そのたびに、私は、いつも答えに困ってしまいます。

皆《みな》さんが面白いと思っている漫画《まんが》やゲームが、私にはどこが面白いのかわからないことがあります。誰《だれ》かが読むべきと薦めている本が、私にとっては、何の興味も惹《ひ》かないことがあります。

同じように、私がすごく面白いと思った本が、皆さんにとって面白い本だとは限りません。むしろ、私の人生を変えたような本が、皆さんにとっては何の価値も持たないことの方がふつうのことでしょう。

そんなものです。

それでよいのです。

この本で紹介《しょうかい》したように、生物は「多様性」を重んじます。その多様性は、私たちが「個性」と呼ぶものです。

誰かが面白いと思っても、他の誰かは面白いと思わない、それが個性です。それが多様性です。「自分」は「他の誰か」とは違《ちが》うことに価値があります。そして、「他の誰か」が「あなた」と違ったとしても、それは当たり前のことです。違うことが大事なのです。

もっとも、お薦めの本はありませんが、本を読むことはお薦めします。

私には、心に残る本が何冊もあります。楽しみを教えてくれた本もあります。何度も何度も読み返した本もあります。苦しいときに支えてくれた本もあります。人生を変えてくれた本もあります。

「本」には、そんな力があるのです。

皆さんにとって面白くない本もあるでしょう。しかし中には、皆さんにとって大切な本もあるはずです。だからこそ皆さんには、皆さん自身の力で、そんな本を探してほしいのです。そして、大切な本に出会って欲しいのです。

もしそんな本を見つけたら、「この本が面白いよ」と教えてください。もしかすると、私は皆さんのお薦めする本の面白さがわからないかもしれません。それでも、許してください。

皆さんにとって大切な本は、誰の物でもない、皆さん自身の宝物なのです。

ちくまQブックス

苫《とま》野《の》一《いっ》徳《とく》

哲学者／教育学者・熊本大学教育学部准教授

未来のきみを変える読書術

なぜ本を読むのか？

なぜ大人は本を読めというのだろう？
頭と目を鍛えるための本の読み方を伝授しよう。
問題の解決に力を発揮する
最強の武器に自分がなる！

伊《い》藤《とう》亜《あ》紗《さ》

美学者・東京工業大学リベラルアーツ研究教育院教授

きみの体は何者か

なぜ思い通りにならないのか？

そう、体は思い通りにならない。でも体にだって
言い分はある。体の声に耳をすませば、
思いがけない発見が待っている！
きっと体が好きになる14歳からの身体論。

ちくまQブックス

鎌《かま》田《た》浩《ひろ》毅《き》

火山学者・京都大学レジリエンス実践ユニット特任教授／名誉教授

100年無敵《むてき》の勉強法

何のために学ぶのか？

「誰にもじゃまされない人生」をつかむために、
「死んだ勉強」を「活きた勉強」に変えて、ステキな自分をプロデュースする戦略を学ぼう。人類の知的遺産は一度知ったらもう戻れない、ワクワクする勉強のスゴさとは？

稲《いな》垣《がき》栄《ひで》洋《ひろ》

植物学者・静岡大学農学部教授

植物たちのフシギすぎる進化

木が草になったって本当？

生き残りをかけた、植物の進化を見つめると、
「強さ」の基準や勝負の方法は
無限にあることがわかる。
勇気づけられる、植物たちの話。

稲垣栄洋

いながき・ひでひろ

1968年静岡市生まれ。岡山大学大学院農学研究科修了。農学博士。専攻は雑草生態学。農林水産省、静岡県農林技術研究所等を経て、静岡大学大学院教授。農業研究に携わるかたわら、雑草や昆虫など身近な生き物に関する著述や講演を行っている。著書に『植物はなぜ動かないのか』『雑草はなぜそこに生えているのか』『イネという不思議な植物』『はずれ者が進化をつくる』（以上ちくまプリマー新書）、『身近な雑草の愉快な生きかた』『身近な野菜のなるほど観察記』『身近な虫たちの華麗な生きかた』（以上ちくま文庫）、『たたかう植物』（ちくま新書）、他著書多数。

ちくまQブックス
植物《しょくぶつ》たちのフシギすぎる進化《しんか》
木《き》が草《くさ》になったって本当《ほんとう》？

2021年 9 月15日　初版第一刷発行
2024年11月10日　初版第三刷発行

著　者　稲垣栄洋
装　幀　鈴木千佳子
発行者　増田健史
発行所　株式会社筑摩書房
東京都台東区蔵前2-5-3　〒111-8755
電話番号03-5687-2601（代表）
印刷・製本　中央精版印刷株式会社

ISBN978-4-480-25111-4　C0345